NOTE SUR UN POINT HISTORIQUE

DE LA

RÉSECTION SOUS-PÉRIOSTÉE

DU CALCANÉUM

PAR

LE Dr E. LÉTIÉVANT

Chirurgien en chef de l'Hôtel-Dieu de Lyon.

(Lu à la Société nationale de médecine de Lyon.)

LYON

ASSOCIATION TYPOGRAPHIQUE

RIOTOR, RUE DE LA BARRE, 12

1876

RÉSECTION SOUS-PÉRIOSTÉE DU CALCANÉUM

En prenant la parole à propos de la résection sous-périostée du calcanéum, mon intention était seulement d'en préciser un point historique.

Un de nos collègues fait commencer cette question à l'ère de ses premiers essais sur la question, l'an 1865.

Cependant, avant cette époque, un certain nombre de faits ont été pratiqués et publiés, et il ne nous est pas permis de laisser ces documents en oubli. Les chercheurs qui viendraient consulter nos procès-verbaux seraient égarés par les affirmations erronées qui y sont contenues : la science a besoin de toutes ses lumières.

D'autre part, il ne faut pas que les lecteurs de nos procès-verbaux puissent croire que, à Lyon, on ne connaît pas l'histoire de la chirurgie.

La question que je vais traiter aujourd'hui est très-limitée.

Doit-on accepter comme démontrée la série des propositions suivantes ?

« 1° Personne n'a fait avant moi l'extirpation du calca« néum en conservant la gaîne périostique complète et l'in« sertion du tendon d'Achille. » (procès-verbal du 20 décembre 1875.)

« 2° Je suis le premier à avoir vraiment pratiqué la résec« tion sous-périostée du calcanéum. » (Procès-verbal du 27 décembre 1875.)

« 3° On coupait le tendon d'Achille dans le premier temps « de l'opération ; on attaquait le calcanéum d'une manière

« défectueuse, tandis que, dans son procédé, M. X... con-
« serve le tendon d'Achille. » (Procès-verbal du 5 décembre
1875.)

« 4° Le tendon d'Achille » était « coupé dans tous les pro-
« cédés connus avant le mien. » (Tiré de nos procès-verbaux,
Lyon Médical, 1876.)

« 5° Je suis le premier à avoir introduit dans l'opération
« la conservation du tendon d'Achille. » (Procès-verbal du
13 décembre 1875.)

Ou encore :

« 6° Pour moi... les anciens procédés sont tous défec-
tueux. » (Tiré de nos procès-verbaux, *Lyon Médical* du
23 janvier 1876), etc., etc.

J'ai dit déjà que M. Polaillon n'avait pas la même manière
de voir que nos procès-verbaux actuels. Il professe que la
question a suivi les phases de naissance et de développement
communes à toute question de ce genre.

« Votre observation, m'écrit-il, dans la question de prio-
« rité soulevée à la Société de médecine de Lyon est juste.
« Les faits sont là pour le prouver, et on ne saurait nier l'his-
« toire.

« Quant à la résection du calcanéum, en particulier, plu-
« sieurs chirurgiens, avant 1865, ont ménagé le périoste avec
« intention. Leurs observations n'ont pas, le plus souvent,
« tous les détails désirables, mais toutes celles que j'ai rap-
« portées sont exactes, tirées de sources que l'on peut vérifier. »

C'est sur ce manque de détails dans les observations que
l'un de nos collègues a insisté pour établir ses droits à la
priorité. Laissons donc de côté les faits non détaillés ; ils ont,
certes, leur importance démonstrative, et, avec eux, la lo-
gique suffirait à convaincre ; mais je vais citer une série de
faits visibles, palpables, et dans lesquels il ne sera pas utile
de recourir aux déductions du raisonnement.

Je laisse la parole à Langenbeck :

« Les résections sous-périostées datent, en Allemagne, de
« l'an 1834. Alors Bernhard Heyne, à Vürtzbourg, a publié
« ses résections sous-périostées sur le chien. Textor de Vürtz-
« bourg a fait la résection sous-périostée d'une côte sur
« l'homme, en 1838, avec régénération complète de l'os. Mes
« premières résections sous-périostées sur l'homme ont été

« faites à Kiel (Université de Holstein), en 1842 et 1848, dans
« la première guerre du Schleswig. (Petruschvy, Thèse sur
les résections). »

« La première résection sous-périostée du calcanéum que
« j'ai faite date de 1854. En tout, j'ai réséqué le calcanéum
« quatre fois ; deux fois avec régénération complète de l'os,
« une fois sans régénération ; un cas de mort (femme de
« 70 ans.

« Je crois que le procédé que j'ai suivi pour la résection
« sous-périostée du calcanéum n'a pas été fait avant moi. —
« Si c'est possible, je conserve tout le périoste ; je laisse le
« tendon d'Achille en jonction avec le périoste, ce qui n'est
« pas difficile quand on détache le périoste avec un levier
« mousse. »

Voici encore la thèse d'Hillencamp, citée dans le travail
de M. Polaillon. Elle contient deux observations de résections
sous-périostées du calcanéum bien antérieures à 1865, puis,
surtout, une série de considérations sur les résections sous-
périostées des os du pied.

Cette thèse a été soutenue en 1862, trois ans avant le premier fait cité dans nos procès-verbaux ; elle est intitulée :
« *De resectione subperiostali tarsi.* » Elle est en latin.

Les détails y abondent sur les moyens à employer pour
opérer par la méthode sous-périostée.

Il est impossible de se méprendre sur l'intention de conserver le périoste. Voici le titre du deuxième paragraphe tout
entier consacré à recommander cette pratique : « *Combien*
« *il importe de conserver le périoste ; quanti intersit pe-*
« *riosteum in resectionibus ossium tarsi conservari.* »

Suit le développement, dont voici quelques traits :

Les fâcheuses conséquences des résections des os du tarse,
dit Hillencamp, résultent de ce qu'on enlevait les os sans son-
ger à les faire reproduire. Depuis, des physiologistes et des
cliniciens (Heyfelder, Langenbeck, Chopart) ont démontré
que le périoste conservé reproduisait des os nouveaux. Langenbeck a obtenu plusieurs fois la régénération des maxil-
laires supérieur et inférieur qu'il avait réséqués en conservant le périoste. Moi-même, dit Hillencamp, j'ai observé un
fait dans lequel la moitié du maxillaire supérieur, enlevée
avec conservation du périoste, s'est reproduite dans toute son
étendue.

Au mois de juillet de cette année, ajoute l'auteur, Langenbeck a fait, dans son hôpital, une résection sous-périostée de la tête de l'humérus ; une nouvelle tête s'est reproduite, et le retour des fonctions de ce membre a été tel, que l'auteur établit, en règle, la conservation du périoste dans les résections de l'humérus.

Certaines ostéoplasties font encore mieux comprendre l'importance de la conservation du périoste, notamment les faits si remarquables de rhinoplastie pratiqués en 1859 par Langenbeck, puis les heureux résultats de la transplantation du périoste doublant la muqueuse dans l'opération de la fissuré de la voûte palatine. Sur plusieurs des quinze fissures opérées par ce procédé, de l'os nouveau s'était reproduit et avait comblé entièrement la perte de substance.

Aussi, conclut l'auteur, dans la résection des os du tarse, le périoste doit être conservé. Toutes les fois qu'il n'y aura pas danger à le faire, dans la carie, la nécrose, les tumeurs non susceptibles de récidiver, on mettra tous ses soins à le conserver. L'opération est plus laborieuse et plus longue, ajoute-t-il, mais avec le chloroforme, cet inconvénient est léger et ne saurait être mis en balance avec les avantages qui résultent de la résection sous-périostée. Certainement les résections des os volumineux du tarse auraient donné de meilleurs résultats si on avait conservé le périoste.

Les *indications* de la résection ne font pas défaut dans cette thèse. Le troisième paragraphe les concerne. — Ici encore se montre la préoccupation de l'auteur. Après l'exposé des maladies qui réclament cette opération, lésions traumatiques, lésions orthopédiques, carie, nécrose, tumeur des os, il ajoute : « Les pseudoplasmes des os réclament la résection, mais le résultat sera ici moins favorable, parce que la lésion nécessite l'ablation du périoste, ce qui n'est pas pour la carie, où le périoste peut être conservé. »

Un quatrième paragraphe traite des instruments nécessaires pour cette opération. Depuis le bistouri jusqu'aux crochets, rien n'y manque.

Le bistouri sera droit et fort, à manche poli, etc... Les pinces seront à mors, à dents fortes, etc..., *et comme il importe surtout de conserver le périoste, il faut pour le détacher user de la plus grande attention; quumque plurimum*

*intersit periosteum retineri, in eo resolvendo summa dili-
gentia utendum est.*

Pour cela, on se servira de raspatoires, *raspatoria,* ce mot
est souligné dans la thèse ; raspatoires en français, raspatory
en anglais, ce qui veut dire *rugines* (Ambroise Paré, édition
de Lyon, 1652, ou encore Dictionnaire de Nysten et Ch. Ro-
bin, édition de 1858). Ces raspatoires ou rugines doivent
être munies d'un tranchant acéré (comme la rugine tran-
chante par le bout de nos procès-verbaux, pour ôter en
râclant (*abradendum*) et détacher le périoste ; d'élévatoires
divers (ce mot est encore souligné par l'auteur) ; élévatoires
courbes, droits ou susceptibles de se fléchir, etc. Ces élévatoires, pour que le périoste puisse, à leur aide, être entraîné
et détaché (*detrahatur atque dissolvatur*). Ces élévatoires
doivent se terminer en une pointe mousse et non coupante ;
leur manche devra s'adapter exactement à la main (ils ont un
manche, ce qui montre que ce sont des instruments différents
de nos élévatoires ordinaires).

Pour la conservation du périoste dans ces résections, l'auteur recommande par dessus tout l'instrument inventé par
Langenbeck, dont ce chirurgien se sert si avantageusement
pour conserver le périoste dans les uranoplasties ; comme
cet instrument a la forme d'un pied de bouc, l'auteur l'a dé-
nommé *ægipode.*

Voilà certes un bien grand luxe d'instruments pour le décollement du périoste inventés et employés par des gens qui
n'ont ni méthode ni procédé.

Pour les os qui dans l'opération doivent être saisis, tirés
et fermement tenus (*ossa prehendenda, protrahenda, firmi-
terque tenenda*), des pinces sont nécessaires; celles qui ont de
nombreuses dents courtes sont préférables. Aussi, celles de
Langenbeck, qui se terminent par deux crochets courts et
solides.

Si on ne peut se servir de pinces, on se servira de crochets
mousses et notamment d'un crochet spécial portant le nom
de crochet Langenbeck et qui est connu pour cet usage.

Voici maintenant pour diviser l'os :

De petites scies à pointes, faciles à engager dans la profon-
deur des parties, conviennent dans ces résections des os du

tarse. Il en est de même de la scie à chaîne, préférée par Jeffry, mais qui a l'inconvénient de se laisser serrer pendant la section. C'est pour cela que Hillencamp recommande les pinces coupantes qui pénètrent facilement à travers les os cariés ; il donne la préférence aux cisailles inventées par Liston et qui ont été munies par Charrière et par Luër de petites dentelures courtes et coupantes. Les os les plus résistants ne sauraient échapper à l'action de ces cisailles.— Des ciseaux acérés sont nécessaires pour la carie superficielle, etc.

Voici maintenant pour l'opération elle-même, cinquième paragraphe de la thèse « *De resectione ipsâ...* » et des soins consécutifs....

Rien n'y manque.

L'auteur donne d'abord des préceptes généraux reconnus classiques.

On devra faire l'incision des parties molles, de telle sorte que l'os à réséquer puisse être largement mis à découvert.

On évitera de léser aucun organe important à la fonction du membre, tels que vaisseaux, nerfs, muscles, tendons. On parera à ce danger en pratiquant l'incision suivant l'interstice des muscles et des tendons. Il y a des points où les os sont plus facilement attaquables, par exemple les côtés du pied.

Voici pour l'incision :

Elle sera faite de manière à nuire le moins possible à la marche ultérieurement ; éviter de placer la cicatrice sur les points qui subissent des pressions pendant la marche. On rejettera l'incision multiple préconisée par Syme et déjà repoussée par Chassaignac, qui n'admet que l'incision simple, droite ou courbe. Ne pas accepter les incisions d'Heyfelder qui intéressent le tendon d'Achille : l'incision en χ de Linhard cause trop de désordre aux parties molles ; on préférera l'incision unique et latérale. Langenbeck ne s'écarte jamais de cette règle, dit Hillencamp, à moins de nécessité. Quand il y a plusieurs os à extraire, il ajoute quelquefois une incision perpendiculaire à la première ; s'il y a des fistules, il veut que l'incision réunisse les trajets, à moins qu'il ne soit préférable de faire une nouvelle incision.

Tout cela est traduit à peu près textuellement.

Voici le temps du décollement du périoste. L'incision

faite, les parties extérieures à l'os sont écartées par le bistouri ou une sonde cannelée, puis alors, *tum periosteum raspatorio, elevatorio vel œgipode dœstringitur* : le périoste est séparé par les rugines, les élévateurs ou l'ægipode.

Ensuite l'instrument est introduit entre l'os et le périoste : *deinde instrumentum inter os et periosteum introducitur*, et les parties molles sont écartées par des crochets mousses.

Cela fait, on résèque l'os dans sa partie saine et on l'enlève ; on tord ou on lie les vaisseaux.

La plaie est pansée avec de la charpie, les lèvres sont réunies par suture, puis le membre est placé dans un bandage plâtré, fénêtré et rendu bientôt imperméable par l'incorporation d'une résine. Le membre est ensuite placé, tous les jours, dans un bain d'eau tiède.

Enfin, après ces détails qui ne laissent aucun doute sur l'intention de conserver le périoste, ni sur la pratique opératoire destinée à atteindre ce but, l'auteur termine par les deux observations suivantes, dont je souligne les principaux passages afférents à la question qui nous occupe :

Obs. I. — *Résection sous-périostée du calcanéum, de tout le cuboïde et d'une partie de l'astragale, suivie de guérison et de régénération osseuse parfaite.*

Augusta Pielentz, jeune fille, âgée de 11 ans, fille d'un constructeur, fut prise, dix semaines avant d'être admise à l'Hôpital royal, d'une inflammation grave de chaque tarse ; le tarse droit, cependant, avait été moins affecté que le gauche. Un traitement soigné, des fomentations chaudes produisirent un résultat sur le pied droit dont l'inflammation devint supportable. Mais le pied gauche passa à la suppuration ; plusieurs incisions furent faites, du pus sortit en abondance, mais il ne se produisit aucune amélioration.

Lorsque la jeune fille entra à la clinique royale, elle était débilitée, de couleur pâle ; sa peau paraissait translucide. Les parties correspondantes au tarse étaient fortement tuméfiées, recouvertes d'une peau rouge et tendue. La sonde introduite par plusieurs trajets fistuleux permettait de constater le ramollissement et l'altération *carieuse* des os calcanéum, astragale et cuboïde.

Comme ce mal ne pouvait plus être guéri par les remèdes pharmaceutiques, et que chaque jour la suppuration augmentait, il parut convenable de pratiquer la résection des parties osseuses malades.

On chercha à augmenter les forces de la jeune fille par des corroborants, des bains et autres moyens. Puis le 4 décembre 1861 l'opération fut pratiquée par Langenbeck dans l'hôpital.

La chloroformisation faîte, les parties molles furent les premières divisées, de telle sorte que l'incision, commençant à 2 centimètres 1/2 au-dessous de la malléole externe, fut dirigée en droite ligne vers le doigt et parallèlement à l'axe du pied ; elle réunissait deux fistules qui conduisaient sur le calcanéum et le cuboïde. Mais afin que les os fussent mieux mis à nus, il parut nécessaire de faire tomber une autre incision, longue d'environ 2 centimètres 1/2, perpendiculaire sur la première partie de l'incision horizontale. Ensuite *on procéda avec grand soin au décollement du périoste à l'aide des rugines, des élévatoires, et tout le calcanéum fragile, tout le cuboïde malade et la partie inférieure de l'astragale furent enlevés sans difficulté à l'aide des élévatoires et des rugines.*

Quand Langenbeck eut acquis la certitude que tout ce qui était malade avait été enlevé, il remplit l'immense cavité produite de charpie de lin, dont une partie fut engagée dans la portion perpendiculaire de l'incision. Quant à l'incision horizontale, elle fut réunie par suture métallique.

Sitôt après on appliqua un bandage plâtré, allant des doigts du pied jusqu'au milieu de la cuisse. On y pratiqua une fenêtre, le lendemain on l'arrosa avec la solution destinée à le rendre imperméable à l'eau, et on plaça le membre dans un bain dont la température était de 28°.

La fièvre, qui pendant quelques jours était intense, diminua peu à peu et la plaie rendit un pus bon et louable.

La jeune fille ne manquait ni de sommeil ni d'appétit. Aussi le dixième jour les sutures furent enlevées ; l'incision horizontale était réunie par première intention. Trois semaines après, les autres parties de la plaie étaient arrivées à peu près à cicatrisation, à l'exception des fistules. Par ces fistules la sonde était conduite dans une cavité pleine de granulations d'où s'échappait un pus abondant. La sonde ne put jamais constater la dénudation osseuse.

La jeune fille allait bien. La guérison apparaissait quand, huit semaines après l'opération, elle fut prise tout à coup d'une très-violente pleuro-pneumonie qui faillit la conduire au tombeau. Cependant après deux semaines et demie, et sous l'influence d'une thérapeutique appropriée, la complication cessa et les forces de la jeune fille, débilitée par la diète et la maladie, commencèrent à se refaire. Deux semaines après la cessation de sa pneumonie, elle pouvait se tenir debout toute la journée. La quinzième semaine après l'opération, *on pouvait apprécier l'existence de l'os nouveau dans toute l'étendue de la plaie.* Par les fistules encore profondes de deux centimètres et demi, la sonde ne sentait que des granulations et aucune surface osseuse à nu.

Au commencement du mois de juillet 1862 la mère vint voir la jeune fille à la clinique, elle la reconnut à peine tant elle avait récupéré de forces. Les fistules étaient à peu près closes, la suppuration avait cessé. *Par tout le pourtour de la plaie on sentait des os régénérés qui ne le cédaient en rien aux autres en solidité.* Sauf une légère intumescence, le pied avait sa *forme normale, et comme le pied guéri n'était aucunement plus court que l'autre, la jeune fille pouvait s'en servir avec la plus grande facilité et marcher sans difficulté.*

Obs. II. — *Extraction sous-périostée du calcanéum; guérison avec régénération parfaite de l'os.*

Léonora Vinterhalter, âgée de 9 ans, était depuis son enfance de constitution débile et avait souvent été affectée d'engorgements ganglionnaires. Au mois de janvier 1858, elle fut atteinte d'inflammation douloureuse du pied droit, ce qui la priva de la faculté de marcher. Au mois de mai de la même année, un abcès s'ouvrit et une suppuration très-abondante et continue s'ensuivit.

Le mois suivant la jeune fille vint ici. Sa longue suppuration lui donnait un faciès anémique, et elle était affectée de fièvre hectique. Le pied droit était gonflé tout autour du calcanéum, offrant un léger aspect de varus équin par suite d'une faible rotation en dehors.

L'articulation tibio-tarsienne était aussi tuméfiée et fluctuait. Cependant le mouvement du pied n'était pas empêché. Sur le bord externe du pied était une fistule qui donnait beaucoup de suppuration. Cette fistule correspondait à l'extrémité antérieure du calcanéum. La sonde pouvait être introduite profondément dans l'os, les téguments étant fortement tuméfiés, rouges et infiltrés.

La résection sous-périostée du calcanéum fut faite par Langenbeck au mois de juin 1859. Une incision fut pratiquée par la fistule sur tout le calcanéum (totum calcaneum) jusqu'à l'os. Ceci fait, on détacha à l'aide d'élévatoires le périoste tuméfié, d'abord de la surface inférieure et de la partie postérieure du calcanéum, ensuite jusqu'à la surface supérieure de l'article. L'os malade fut ensuite divisé en trois parties et extrait. La surface inférieure de l'astragale qui apparaissait à nue fut enlevée avec un fort bistouri.

La plaie cutanée au devant de la fistule fut réunie par suture, le pied entouré d'un bandage fenêtré en gutta-percha, et une vessie de glace recouvrit la plaie.

La perte de sang avait été très-légère.

Il n'y eut pas de réaction fébrile ; le pouls, qui avant l'opération était à 150 par minute, descendit à 100 peu de jours après. Le sommeil et l'appétit augmentèrent chaque jour. La faiblesse nerveuse cessa. Déjà cinq jours après l'opération la plaie antérieure à la fistule était close, ce qui permit l'ablation des sutures. Le pied fut alors placé dans un bain d'eau tiède pendant quatorze jours, excepté la nuit, et jusqu'à ce que la suppuration et la tuméfaction eussent disparu, la patiente usa de ces bains locaux quotidiens.

Au commencement du mois d'août la fistule était guérie, il ne restait qu'un point de granulation, et lorsque la *régénération osseuse parut parfaite*, la jeune fille, guérie, partit pour se rendre aux eaux de Cruznack. En automne 1860, après son retour des eaux, elle revint dans sa ville. *Non-seulement les mouvements de son pied étaient des plus normaux, mais encore le calcanéum était entièrement régénéré*

et ne différait ni par la forme ni par le solidité : les fonc-
tions du pied étaient des plus parfaites.

En résumé, incision rectiligne siégeant sur toute la lon-
gueur de la face externe du calcanéum (deuxième observation).

Ou incision horizontale courant sur cette même face et
additionnée d'une division verticale sur la première partie de
la première incision (première observation).

Voilà pour le premier temps.

Décollement du périoste à l'aide de rugines, ou de leviers
mousses si ceux-ci suffisent, ou de l'ægipode.

Voilà pour le deuxième temps.

Extirpation alors totale du calcanéum (1re observation), ou
division de cet os en trois parties comme dans la deuxième
observation, ce qui facilite singulièrement l'extirpation.

Voilà pour le troisième temps.

Puis on remplit la cavité de charpie ; le membre est placé
dans un bandage immobilisateur, fenêtré et imperméable.

Tels sont les principaux traits de ce procédé de résection
sous-périostée du calcanéum.

Les considérations et les observations dont je viens de
donner connaissance ont un luxe de détails qui, cette fois,
ne peut laisser aucune place aux illusions d'aucun de
nous.

Faits, instruments, procédés, méthode, résultats définitifs
obtenus, tout concourt à la démonstration que j'annonçais au
commencement de ce chapitre. Je maintiens donc énergi-
quement ce que je déclarais dans la première discussion, *que
des résections sous-périostées totales du calcanéum ont été
pratiquées avant l'année* 1865, *et j'ajoute pratiquées très-
bien et par des méthodes très-précises.*

Je crois inutile d'apporter de nouveaux faits, ceux-là suffisent pour établir ce premier point.

L'histoire de la conservation du tendon d'Achille dans les
résections sous-périostées du calcanéum, telle qu'elle a été
présentée dans la discussion, est dans les mêmes conditions
d'inexactitude que la précédente :

Roux a conçu et exécuté un procédé exprès pour conserver
le tendon d'Achille dans les résections du calcanéum dès

l'année 1839. Ce procédé est tout au long décrit dans l'excellent travail de M. Polaillon, qu'on ne saurait trop consulter. *(Archives générales de médecine,* CALCANÉUM, in *Dictionnaire des sciences médicales.)*

Voilà pour l'idée et sa première application.

L'Italien Busi, auteur d'un procédé de résection du calcanéum, établit comme règle la conservation du tendon d'Achille avec la portion d'os à laquelle il s'insère. « Si l'on doit, « *ce qu'il faut toujours éviter autant que possible,* réséquer « la partie de l'os ou s'insère le tendon d'Achille, on peut... » *(Gazette médicale de Lyon,* 1863, extraits de *Bulletino delle scienze médiche di Bologna,* 1862.)

Vous avez vu Hilton se comporter ainsi dans un cas de résection du calcanéum en 1856.

Voici Langenbeck qui écrit (je cite textuellement) : « Je « laisse le tendon d'Achille en jonction avec le périoste, ce « qui n'est pas difficile quand on détache le périoste avec un « levier mousse. »

Cette fois on ne conserve plus de l'os avec le tendon d'Achille, mais le périoste seulement.

Enfin, voici encore la thèse d'Hillencamp, qui redit ce qui n'est qu'un écho du bon sens dans l'air chirurgical : « Il faut « rejeter l'incision transversale vantée par Heyfelder pour la « résection du calcanéum et qui va d'une malléole à l'autre, en « passant au-dessus du talon, parce que cette incision intéresse « le tendon d'Achille *(propter lesionem tendinis Achillei).* « Il faut, par la même raison, rejeter l'incision du même au-« teur, à lambeau demi-circulaire dont la base va en droite « ligne de la malléole interne à la ligne médiane postérieure « du talon.... Faire l'incision simple et latérale. »

Vous le voyez, préceptes comme pratique, tout existait dans la science , sérieusement et sagement établi avant l'année 1865.

Si un doute restait, le parallèle suivant achèverait de le dissiper :

Il y a, entre les faits que je viens de rappeler et ceux qui sont signalés comme nouveaux dans nos procès-verbaux, une ressemblance telle dans les idées et dans les expressions, qu'on est surpris de voir deux chirurgiens se rencontrer ainsi sur le même sujet et à plusieurs années d'intervalle.

Hillencamp dit : « L'opération est plus laborieuse et plus longue, mais cet inconvénient est léger et ne saurait être mis en balance avec les avantages qui qui résultent de la résection sous-périostée. » L'auteur de la réclamation de la priorité dans nos procès-verbaux dit la même chose plusieurs années après : « Je conviens que mon procédé est un peu plus long et un peu plus difficile que ceux qui ont été antérieurement pratiqués ; mais ce n'est là qu'une question secondaire en présence des résultats obtenus. » Pour l'incision, Hillencamp la fait sur la face externe, obéissant à l'idée de ne léser aucun organe important, vaisseaux, nerfs, muscles, tendons, etc. Le second chirurgien suit la même pratique et obéit aux mêmes préceptes. Voici le tendon d'Achille : Hillencamp dit qu'il faut rejeter les deux incisions vantées par Heyfelder, parce qu'elles coupent le tendon d'Achille, et qu'il convient de ne faire l'incision qu'externe. Le second chirurgien le dit aussi. Le premier insiste pour que la cicatrice ne gêne pas la marche ultérieurement, et ne la veut pas sous le pied ; le second fait l'incision « de manière à avoir une cicatrice externe et non plantaire. » Dans une des observations d'Hillencamp, l'incision horizontale est surmontée dans sa première partie d'une incision verticale de 2 ou 3 centimètres ; c'est presque l'incision adoptée par le second chirurgien dans ce procédé. Hillencamp donne le précepte de réunir par l'incision les trajets fistuleux, quand il y en a ; c'est ce qu'a fait l'autre chirurgien dans le cas qu'il nous a communiqué.

Arrivons au décollement du périoste ; Hillencamp décrit une quantité d'instruments inventés à cet effet : raspatoires, élévatoires à manche, ægipode ; l'autre chirurgien dit « qu'il faut des instruments appropriés ». Tous deux détachent le périoste en introduisant l'instrument entre l'os et le périoste ; on ne peut trop faire autrement. En face de l'os, Hillencamp veut qu'on se serve de pinces à dents nombreuses, courtes et fortes ; le second chirurgien se sert d'un davier multidenté.

L'os va être enlevé ; dans les cas d'Hillencamp on enlève tout l'os une fois et une autre fois on le fragmente en trois parties. Le second chirurgien tantôt enlève tout l'os, tantôt le fragmente en deux parties, comme dans le cas qu'il nous a présenté. La fragmentation en trois parties de Hillencamp est une excellente pratique opératoire que j'ai expérimentée plusieurs fois. Quand, sur le cadavre, on a mis le calcanéum à nu par ce procédé et qu'on l'a divisé de deux coups de cisailles, on a une facilité merveilleuse pour avoir cet os : le premier tiers tombe pour ainsi dire dans les pinces ; le deuxième, qui ne tient qu'à une petite portion du ligament interosseux calcanéo-astragalien, vient par une légère traction ; le troisième est un peu plus adhérent, mais un faible coup de rugine sur le ligament permet son extraction. Cela peut se faire plus vite que l'ablation de tout l'os à la fois. Cette modification me paraît réaliser un progrès.

L'os enlevé, tous deux pansent la plaie avec de la charpie, font quelques points de suture aux extrémités de la plaie, et placent le membre dans un bandage inamovible, bandage plâtré pour Hillencamp, bandage silicaté pour l'autre chirurgien ; le premier fait une fenêtre au bandage le lendemain, le second en fait une au bout de quelques jours. Le premier rend son bandage imperméable par l'addition d'un résine et plonge la plaie dans l'eau pour laver le pus ; le second se borne à renverser le membre sur le côté externe pour assurer l'écoulement de pus.

Le parallèle peut se poursuivre jusque dans les suites éloignées de l'opération : les malades guérissent à peu près dans le même temps ; ils ont des régénérations osseuses, très-parfaites dans les cas de Hillencamp, où la résection a été cependant totale, moins parfaite mais encore bonne dans le cas du second chirurgien qui n'a fait qu'une résection presque totale.

Ce parallèle complète la réfutation des propositions signalées au commencement de ce travail.

www.ingramcontent.com/pod-product-compliance
Lightning Source LLC
Chambersburg PA
CBHW050747070726
47597CB00009B/4111